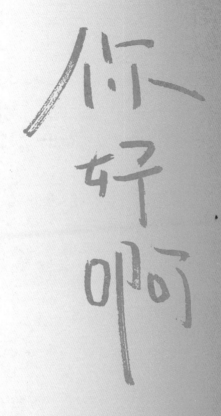

王小波&**李银河** 爱情手账

李银河　王小波　著

贵州出版集团
贵州人民出版社

人活着总要有

使你魂梦系之

个 主 题 ，

生活美好与祸

之间。

只在一念 ∞

◐ **小波** 别 怕 美 好 的 一 切 消 失 ， 咱 们 先 来 让 它 存 在 。

小波　爱把我们平淡的日子变成节日，把我们黯淡的生活照亮了，
　　　使它的颜色变得鲜明，使它的味道从一杯清淡的果汁变成浓烈的美酒。

—— ● 小波　我们好像在池塘的水底，从一个月亮走向另

◐ 小波 如果一天有四十八个小

不得四十九小时和你待在一块呢！

—— ◉ 小波 似 水 流 年 是 一 个 人 所 有 的 一 切 ， 只 有 这 个 东

正 归 你 所 有 。

—— ◉ 小波 我自己过去和现在都很不好。不过我现在要爱

得 我 很 对 ， 你 也 觉 得 我 很 对 ， 别 人 与 此 有 何 相 干 ？ ——

◐ 小波 我 们 生 活 的 支 点 是 什 么 ？ 就 是 我 们 自 己 。

绝 对 美 好 的 不 同 凡 响 的 意 义 。 ————————

◐ 小波　任何不能令人满意的东西，不值得我们屈尊。

自 己 做 出 非 凡 的 努 力 。

我只求它货真价实。

— ● 小波　不管我本人多么平庸，我总觉得对你的爱很

○ 小波 人 既 然 不 是 机 器 ， 偶 尔 失 去 ┐

是 可 以 原 谅 的 。

5 2 周 记 录

WEEK

RECO

52

有时我心里很恐怖地想：爱也许是人对自己的一种欺骗，是一种奇异的想象力造出来的幻影。你的想象力强，所以总在我的周围看到一层光环，其实呢，那光芒并不存在。我怕你早晚会看到这一点，变得冷漠。爱也许就是这样一种神秘的想象力的发作，它会过去。人在最初的神秘感过去之后，会发现一个完全不同的世界，你以为神秘感会永远跟着你吗？它一旦过去，爱就会终结，是吗？多可怕。

小波

我想我不能同意你关于爱的神秘性的解释。不对，你说得不对。

我想，人的生活其实是平淡无奇的。也许，我们都能做一次浪漫的梦是一种天赋人权吧！总之，你说是梦也好，它总是好的，比平淡无奇好得多。谁说是欺骗呢？

我天生不喜欢枯燥的一切，简直不能理解人们总爱把有趣的事情弄得干巴起来。我要活化生活，真的，活化它。要活就活一个够。干什么要把什么事情都弄到一个死气沉沉的轨道里呢，好朋友？干什么你要总结什么是爱呢？你说那些可怕的话是吓唬我吧？

那次（初恋）我多么疯狂，我的想象力的发作把他完全变了一个样，后来那爱过去了，他失去了所有的光彩，变得多么平常，平淡无奇。最近我又有机会见到了他，我冷漠地看着他时，心里不禁对自己当初的爱十分十分地惊异，我使劲回味着当时的心情，那到底是怎么回事呢？同一个人为什么在我心里是完全两样的？我怎么也弄不明白，那时我一听到他的声音心里就发抖，真的发抖，可现在一切都变得那么干脆，一点也不剩了。这究竟是怎么回事？谁能够解释？

我想你不会错得特别多的。就是说，也许他也曾经被爱情活化了吧？也许是后来才像大多数别人一样，沦入了死气沉沉的轨道？我这么说别人该下地狱。

你呀，你太该过一种真正幸福的生活了：一切都让它变幻无穷，不让它死气沉沉。我也许算不上一个好人，但是就是我死也要把你举高一点呢。就是你将来看我像你现在看他一样我也高兴，这说明你又长高了。说实话我对你将来如何看我一点也不在乎，总之现在我们要好，对吗？

小波

我今天晚上难过极了，想哭。也不知是为什么，我常有这种不正常的心情，觉得异常地孤独。生活也许在沸腾着，翻着泡沫，但我却忽然觉得我完全在它之外，我真羡慕那些无忧无虑的从不停歇地干下去的人。这个时候，谁也不能安慰我，也许连你也不能。就像那首诗说的，像在雾中一样。我可能有一个致命的缺点，生命力还不够强。

小波

我真喜欢你的一举一动，多愁善感也喜欢。我总觉得你的心灵里有一种稚气得让人疼爱的模样，我这么说你不生气吧？不过我不怕你生气，我也不和你见外。不管你怎么想我都这么说。我也不老成，疯起来我也和傻小子一样。只要你别趁我疯起来欺负我就成了。

我的灵魂缺燃料，它有时虽然能迸出火花，但是不能总是熊熊地燃烧。你的生命力比我强，我觉得你总是那么兴致勃勃的，就像居里说的，像一个飞转的陀螺。你该用你的速度来带动我，用你的火来燃烧我，用你的欢快的浪花把我从死水潭里带走。你会这样做吗？会吗？你一定会的。

小波

我想过的东西你想都不想，可是你从本性里爱美，不想就知道。你心里还有很多感情的波澜，你呀，就像波涛上的一只白帆船。波涛下面是个谜，这个谜就是女性。我很爱这些！不管你是哭是笑，我全喜欢你。

我们能够幸福吗？能吗？这问题常常烦扰着我。你昨天的话使我似乎放心了。你是又聪明又真挚的。你总是能为我们找到出路。但愿你永远能成功。

我抄给你 1 月 8 日的日记，那是我满怀着热望和一颗跳动的心，但是发现你竟没给我写，我看着自己那些热情的话像一片树叶扔在水面上并没有激起什么波纹，觉得羞耻，觉得自尊心受到损害时写的。

小波

别怀疑我们会不会幸福。我来告诉你吧：我爱你爱得要命。我有时想起你就不能自已地狂喜，因为你是那样一个人。你也许不知人和人是多么不同，我哥哥说他是对一切充满了智慧的体系，不管是哲学体系还是数学，哪怕它们已经过时，只要它深刻、周密，他对它们全有一种审美式的爱好。我也有一点。我也爱一切人类想出来的美好的东西，它们就像天外来客一样突然来到人间，有时候来龙去脉丝毫也没有呢。没有它们我们就太苦了。

可是你最可爱。

● 银河

周记录

你的爱多么美，多么好。你说对别的女孩是了解了以后就不喜欢了，我对别的男孩也是这样的。他们没有意思，很快就见了底，可你却不，因为你的心底有一个泉，是不是？它永不枯竭，永远不。

我老觉得爱情奇怪，它是一种宿命的东西。对我来说，它的内容就是"碰上了，然后就爱上，然后一点办法也没有了"。它就是这样！爱上，还非要人家也来爱不可。否则不叫爱，要它也没有意思。海誓山盟有什么用？我要的不就是我爱了人家人家也爱我吗？我爱海誓山盟拉来的一个人吗？不是，爱一个爱我的人，就这样。

小波

● 银河

周记录

你好！你现在干什么呢？作业做完了，该看看小说了，又抽烟了吗？我看你不要"限烟"，干脆戒了吧。我听说有一个人戒烟不到一个月长了六斤体重，你信不信？别抽了。

不知道你在干什么呢。我给你写信时又想抽烟。你知道一种习惯要是有了十年真不好克服。真的，我告诉你，我老是对自己做过的不满意。我们这种人的归宿不是在人们已知的领域里找得到的，是吗？谁也不能使我们满意，谁也不能使我们幸福，只有自己做出非凡的努力。还有我要你，和我有宿缘的人。不知为什么，我认定除了它，只有你是我真正要的。除了你们，对什么我都睁一只眼闭一只眼。真的，我要好好爱你，好好的。不一定要你爱我，但是我爱你，这是我的命运。

小波

如果我伤了你的心，请你原谅我，因为我们过去说过，要把心中发生的一切告诉对方。否则，它就会变成一种潜伏的危机。

周
记
录

小波

静下来想你，觉得一切都美好得不可思议。以前我不知道爱情这么美好，爱到深处这么美好。真不想让任何人来管我们。谁也管不着，和谁都无关。告诉你，一想到你，我这张丑脸上就泛起微笑。还有在我安静的时候，你就从我内心深处浮现，就好像阿佛罗蒂从浪花里浮现一样。你别笑，这个比喻太陈腐了，可是你也知道了吧？亲爱的，你在这里呢。

● 银河

周记录

你的生命的活力在吸引我，我不由自主地要到你那里去，因为你那里有生活，有创造，有不竭的火，有不尽的源泉。

●○ 小波

你要我多给你写，可是我写得总不如你好，上气不接下气的。不过上气不接下气的也不要紧，是给你的，是要你知道这颗心怎么跳。难道我还不能信赖你吗？难道对你还要像对社会一样藏起缺点抖擞精神吗？人对自己有时要恍惚一点，大大咧咧，自己喜欢自己随便一点。你也对我随便好了。

我们高高兴兴地自自然然地往前走，对吗？我们永远互相信任，永远不互相猜忌，不埋怨，好吗？但是我们互相之间有什么疑虑、不愉快、痛苦，都对对方倾诉，毫无保留，好吗？你愿意这样做吗？哪怕是厌倦、烦闷，感到平淡、无新鲜感之类也不必隐瞒，全讲出来，好吗？

我特别相信你。世界上好人不少，不过你是最重要的一个。你要是愿意，我就永远爱你，你要不愿意，我就永远相思。对了，永远"相思"你。

小波

生命力，张力，苦闷，促使采取行动的痛苦，这是物质所固有的。人是物质，所以有这种痛苦，对吗？愿我们的生命力永远旺盛，愿这永恒的痛苦常常来到我们心中，永远燃烧我们，刺痛我们。

◖ 小波

我和你就要努力进取，永不休止。对事业是这样，对美也是这样。有限的一切都不能让人满足，向无限进军中才能让人满足。无限不可能枯燥啊，好银河。永远会有新东西在我们面前出现的。哥伦布发现了新大陆，哥白尼又发现了新宇宙，这是一条光荣的荆棘路。

● 银河

"无论是欢乐和悲伤，我总到那里去。"
是呵，我的心总向往你，特别是在悲伤
的时候。你的心太让我感动了。

周 记 录

小波

你瞧，你从我内心深处经常出现，给我带来幸福，还有什么离间得了我们？咱们可不会变成火炉边的两个傻瓜。别人也许会诧异咱们的幸福和他们的不一样，可那与我们有何相干？他们的我们不要，我们的他们也不知道。

银河

● 我越来越觉得冬天简直是我们的活灾星。你都不知道我多么希望你明天来看我。可是天多冷啊！路多难走哇！你怎么能来呢？千万不要来。

周记录

● 小波

你说得对，冬天真是我们的大灾星，要不我早就跑到你那儿去了。你不能埋怨我呀！有人说：爱情从来不说对不起，也不说谢谢，你说是吗？原因就在于信任。一般人都能做到，更何况我们呢？你我之间能够做到不后悔已经发生过的一切和不强求还没有发生的一切吗？我愿意这样。

我在人群中看来看去，只有你有最大的可能性使我得到永远不枯燥的生活。

///

周记录

我爱谁就觉得谁就是我本人，你能自由也就是我自由。

小波

● 银河

你是我的天堂，可我是你的地狱。我给你带来了太多的痛苦和烦恼。我们的爱情虽然很甜，但也有太多的苦味。这都怪我，都怪我。我有时十分痛恨自己，觉得我是一个坏人。

周记录

小波

我发觉我是一个坏小子，你爸爸说得一点也不错。可是我现在不坏了，我有了良心。我的良心就是你。真的。

● 银河

周记录

自从我认识了你，我觉得所有的人都黯然失色，再也没有谁比你更好了，我的菩提树！

● 小波 我记得有这么一支歌："在门前清泉旁边，有一棵菩提树，在它的树荫下面，我做过甜蜜的梦……在它的树荫下面，我做过甜蜜的梦，无论是欢乐和悲伤，我总到那里去。"我愿做你的菩提树，你也来做我的吧。

●
银河

我们只是两个人，不是两家人，我们是两个在宇宙中游荡的灵魂，我们不愿孤独，走到一起来，别人与我们无关。

周记录

小波

你知道吗，孤独的灵魂多么寂寞啊，人又有多少弱点啊（这是使自己哭泣的弱点）。一个像你这样的灵魂可以给人多么大的助力，给人多少温暖啊！你把你灵魂的大门开开，放我进去吧！

银河

周
记
录

你总是把最美好的感情给我，你真好。我愿意要，我永远要不够，因为我常常觉得自己是很贫乏的，有时甚至很空虚。记得你也说过：我要。那么我也给，我也愿意给呵！我们的幸福呵，让它再浓烈些，再浓烈些吧！

小波

我不喜欢安分过什么"日子"，也不喜欢死乞白赖地搅在一起。至于结婚不结婚之类的事情我都不爱去想。世俗所谓必不可少的东西我是一件也不要的。还有那个"爱""欠情"之类，似乎无关紧要。只希望你和我好，互不猜忌，也互不称誉，安如平日，你和我说话像对自己说话一样，我和你说话也像对自己说话一样。说吧，和我好吗？

我 是 爱 你 的

看 见 就 爱 上

我 爱 你 爱 到

相私的地步。

投 入 爱 情 ，

因 为 它 的 美 。

● 银河

爱情是一个人内心中的风暴，它如果没有让对方知晓，那就是暗恋；如果让对方知晓而没有得到回应，那就是单恋；既让对方知晓又得到了回应，那就是恋爱。

幸 福 是 一 个

● 银河 一旦到了温饱线以上，生存的问题解决了，幸福与否就跟钱多钱少没有关系了。有一些很富裕、很有钱的夫妻是不幸福的；有一些不是那么富有的人却是幸福的。这时，幸福感与经济状况就不相关了。因此，幸福主要还是一种主观的感觉，两个人相爱，就能感到幸福。

观 的 感 觉 。

好 的 恋 爱 ，

改 变 自 我 。

立逼迫一方

理想的亲密关系是这样的：我们两个人愿意在一起，虽然表面上看，我们的关系是一种归属、一种约束，但是这种约束和归属符合我的自由意愿，我是自愿进入的，没有感觉到违背内心愿望的压抑和束缚。因此，好的恋爱关系既是受约束的又是自由的。

银河

没 有 滋

银河

在世上要做成一件事，没有激情是不行的，大到江山社稷，中有个人事业和爱情，小到打麻将赢钱，无一例外。没有激情不会得江山，不会事业成功，不会陷入恋爱，不会赢钱。所以，越有激情的人越容易成功，越容易有成就；越有激情的人生命越激越，越精彩纷呈，越苦乐交集，越生机勃勃。

，不成活。

灵魂伴侣，
有个灵魂。

得

● 银河

灵魂是没有性别的，所以灵魂伴侣不一定是异性。

灵魂伴侣只有精神关系，没有肉体关系，而恋人既有精神关系，也有肉体关系。

想要找到灵魂伴侣，首先你得有个灵魂，其次要有爱的能力，最后要有运气。

人 怎 样

● 银河

如果人能够一生只做自己胜任愉快的事情，能够只交往给自己带来愉悦感的人，能够克制自己无法宣泄的欲望并将其升华至美好的精神生活之中，他就一定能够得到一个快乐的人生。

得 到 快 乐 。

选 择 爱 情 还 ;

原 则 是 快 乐 。

由，

● 银河

人陷入爱情就陷入了一种心有所属的状态，即丧失了自由。当然，这是一种对自由自愿的放弃、甜蜜的放弃，人自愿成为爱的囚徒。

在面临爱情和自由二择一的局面时，我选择自由，不选择爱情。原则是快乐：当爱情带来快乐时，我当自由地选择爱情；当爱情不再为我带来快乐时，我当选择自由。

宁 愿 泛

一个明知生命无意义的人，仍旧可以选择活着，而且我认为这是一个比较自然、比较正确的选择。既然生命偶然地开始了，就让它继续偶然地存在，直至终点，用不着人为地干预这个过程。企图更早或者希冀更晚地结束这个过程、这条生命，那反而是不太自然的做法。此外，既然活着，就宁愿活得兴致勃勃，神采飞扬，不愿活得无精打采，暗淡无光。但愿保持生命活力，让生命像一团热烈燃烧的火，直到死亡才能使它熄灭。

银河

绎兴致勃勃。

人 在 爱 的 时 候

比 平 时 美 好。

生活

银河

爱情无疑是世间最宝贵的一种经验。人在爱的时候处于一种微醺的陶醉状态，会觉得天比平时蓝，阳光比平时明媚，生活比平时美好，就连令人很难直面的宇宙的空旷、无意义似乎也不再那么令人绝望。

爱 绝 非 ㆟

● 银河

世上的确存在着被叫作爱情的这样一种迷恋的激情。它不仅存在于小说和影视作品当中，也确确实实在现实的凡夫俗子的生命之中发生过。

人生在世，最美好的生存状态是沉浸在爱之中。爱情是人世间稀有的、宝贵的、最富于戏剧性的经验，它绝非人生存的常态。

存 的 常 态 。

找 点 令 身 心 忄

事 情 做 一 做 。

兑 的

银河

找点令身心愉悦的事情做一做，掰着手指头数来数去，这样的事只有两件，一件是爱，一件是美。

即使我今天没有创造美，我至少要消费美；即使我今天没有被爱，我至少要去爱。如果既没有享用美，也没有享用爱，我的一天就白过了。

按 内 心 冲 云

● 银河

人最不能忍受的是光阴虚度，所以坐牢最大的痛苦恐怕不在其他，应是虚度光阴。

如果没有按照自己心向往之的方式去生活，做自己最喜欢做的事，只是按照他人或社会的安排去做自己不愿做的事情，那就是生命的虚掷，是令人最难以忍受的活法。

实现人生。

选 择 自 己 喜 欢

生 活 方 式 。

銀河

人生在世，虽然周围尽皆枷锁，但是人完全可以挣脱这些枷锁，过上自由的随心所欲的生活。而要挣脱这些物质枷锁，首先要挣脱的是精神枷锁，要有向往自由之心，并且要有争取自由的勇气，有了愿望和勇气，就勇敢决绝地去选择自己喜欢的生活方式和人际关系，放弃自己不喜欢的生活方式和人际关系。

● 银河

年轻和年老最大的区别在于前者对世界万物兴趣盎然，后者却已经觉得一切都索然无味了。美食索然无味，性索然无味，就连爱也索然无味。因此，看自己对于一切事物是否还有兴趣，是检验自己是否步入老年的试金石。

生命活力。

十 分 想 念 你。

回 忆 着 上 次 见

我 心 里 充 满 着

Lee

Lee l

常 非 常 想。

我 要 爱， 要

！

忽然之间心底涌起强烈的渴望，前所未有：我要爱，要生活，把眼前的一世当作一百世一样。这里的道理很明白：我思故我在，既然我存在，就不能装作不存在。无论如何，我要为自己负起责任。

小波

倘 能 如 我 所 原

我活在世上，无非想要明白些道理，遇见些有趣的事。倘能如我所愿，我的一生就算成功。

小波

人 的 价值

人在年轻时，最头疼的一件事就是决定
自己这一生要做什么。在这方面，我倒
没有什么具体的建议：干什么都可以，
但最好不要写小说，这是和我抢饭碗。
当然，假如你执意要写，我也没理由反对。
总而言之，干什么都是好的，但要干出
个样子来，这才是人的价值和尊严所在。
人在工作时，不单要用到手、腿和腰，
还要用脑子和自己的心胸。

小波

尊 严 所 在 。

为 自 己 吟 诗

漫 漫 的 寒 夜，

度 过 那 些

我很渺小，无论做了什么，都是同样的
渺小。但是只要我还在走动，就超越了
死亡。现在我是诗人。虽然没发表过一
行诗，但是正因为如此，我更伟大。我
就像那些行吟诗人，在马上为自己吟诗，
度过那些漫漫的寒夜。

小波

美是无穷的，可怜的就是人的生命、人的活力是有穷的。可惜我看不到无穷的一切。但是我知道它存在，我向往它。我会老也会死，势必有一天我也会衰老得无力进取的。可是我不怕。在什么事物消失之前，我们先要让它存在啊。

小波

美 先 存 在 。

生活 就 是 个

的 过 程 。

受锤

那一天我二十一岁，在我一生的黄金时代。我有好多奢望。我想爱，想吃，还想在一瞬间变成天上半明半暗的云。后来我才知道，生活就是个缓慢受锤的过程，人一天天老下去，奢望也一天天消失，最后变得像挨了锤的牛一样。

小波

年轻

人在年轻时，觉得到处都是人，别人的事就是你的事，到了中年以后，才觉得世界上除了家人已经一无所有，自己的事都做不过来。以此类推，到了老年，必定觉得很孤独，还会觉得做什么都力不从心。换言之，年轻时是自由人，后来成了家庭的囚犯，最后成为待决的死囚。

小波

是自由人。

珍 视 自 己 的

水 流 年 。

似水流年是一个人所有的一切，只有这个东西，才真正归你所有。其余的一切，都是片刻的欢娱和不幸，转眼间就已跑到那似水流年里去了。我所认识的人，都不珍视自己的似水流年。他们甚至不知道，自己还有这么一件东西，所以一个个像丢了魂一样。

小波

渺 小 的

人活在世界上，就如站在一个迷宫面前，有很多的线索，很多岔路，别人东看看、西望望，就都走过去了。但是我们就一定要迷失在里面。这是因我们渺小的心灵里，容不下一个谜，一点悬而未决的东西。所以我们就把一切疑难放进自己心里，把自己给难死了。

小波

里，容不下

一个谜。

人 有 了 心 胸

来 改 变 自 己

就可以用它

生活。

人活在世上，不但有身体，还有头脑和心胸——对此请勿从解剖学上理解。人脑是怎样的一种东西，科学还不能说清楚。心胸是怎么回事就更难说清。对我自己来说，心胸是我在生活中想要达到的最低目标。某件事有悖于我的心胸，我就认为它不值得一做；某个人有悖于我的心胸，我就觉得他不值得一交；某种生活有悖于我的心胸，我就会以为它不值得一过。

小波

等待自己

我们是休眠中的火山，是冬眠的眼镜蛇，或者说，是一颗定时炸弹，等待自己的最好时机。也许这个最好时机还没有到来，所以只好继续等待着。在此之前，万万不可把自己看轻了。

小波

了最好时机。

我 不 喜 欢 稀 里

过 日 子 。

胡涂地

我不喜欢稀里糊涂地过日子。我妈妈有时说：真奇怪啊，我们稀里糊涂地就过来了。他们真的是这样。我们的生活就是我们本身。我们本身不傻，也不斤斤计较大衣柜一头沉。干吗要求我们有什么外在的样子，比方说，规规矩矩，和某些人一样，等等。有时候我真想叉着腰骂：滚你的，什么样子！真的，我们的生活是一些给人看的仪式吗？

小波

比 死 亡

我相信这不是我一个人的经历：傍晚时分，你坐在屋檐下，看着天慢慢地黑下去，心里寂寞而凄凉，感到自己的生命被剥夺了。当时我是个年轻人，但我害怕这样生活下去，衰老下去。在我看来，这是比死亡更可怕的事。

小波

可怕的事。

我 爱 谁 就 觉 得

我 本 人 ，

你 能 自 由 也 就

ng Wa

Wa

就 是

我 自 由 。

● 银河

我们常常把事情弄得太沉重了，

咱们该轻松些，

咱们应该像一对疯子那样歌舞狂欢，对吗？

生活本来是很美好、很美好的呵！

● 银河

如果心地单纯，世界就是一个简单的世界；

如果心思复杂，人生就是一个复杂的人生。

● 银河

正确的生活态度就是细细地体味每一日的感觉。

最低标准是舒适，中等标准是愉悦，最高标准是狂喜。

● 银河

我 要 爱 ， 就 要 爱 得 热 烈 ，

爱 得 甜 蜜 ， 爱 得 永 远 爱 不 够 。

● 银河

当激情之爱发生的时候，你就跟带了放大镜似的，会把对方的优点剧烈地夸大。

中国古话说，情人眼里出西施，就是这个意思。

● 银河

在一桩有爱的婚姻当中，激情往往只是开局，

在婚后的日常生活中，

激情转为柔情，爱情变为亲情，

因此才能长久绵延，才能不断不绝。

● 银河

爱情是一个人内心中的风暴。

● 银河

如果我们对周围的人只观察，不批评，
那么我们一定会活得更快乐一些。

● 银河

找 到 灵 魂 投 契 的 友 情 实 在 是 人 生 之 大 幸 ，

它 甚 至 可 以 为 人 带 来 超 过 亲 情 和 爱 情 的

踏 实 感 和 欣 慰 感 。

● 银河

当人爱上某个人时，

他会从一个平庸琐碎的人变成一个超凡脱俗的人。

● 银河

在爱的时候人会忘记，

每个人在这个世界上都是绝对孤独的，

所有的人际关系都不过是对这一残酷事实的可怜巴

巴的遮掩罢了。

● 银河

如果有运气遭遇爱情，一定要好好体验。

可以终生做一个孩子，终生做游戏，乐不思蜀。

● 银河

在我们秉持着内心的激情去生活、去做事的时候，

只要不时想一下在做的事情是不是自己发自内心的冲动

能否为自己带来快乐和满足的感觉就可以了。

如果答案是否定的，就不去做。

● 银河

人生在世，只要渴望爱情，
你碰上真爱的机会就还在。

● 银河

激情一旦减退，谈爱就属枉然：

爱要么是激情的化身，

要么什么都不是。

● 银河

爱情就像扔球游戏，

一个人向另一个人扔了一只球，

那人接住了，就是快乐；

没接住，就是痛苦。

● 银河

对艺术和美的享用是人生在世最值得去做的事情。
绝大多数人每日辛苦劳作，日出而作，日落而息，
劳心劳力，忘记了这都是生存的手段，而不是目的。
生存的目的是对美的享用。

● 银河

交朋友一定是为了愉悦，

而不是为了互相救苦救难。

互相帮衬的朋友不是真正的朋友，

是利益上的交换。

真正有趣的朋友只是灵魂的朋友，

交流必定要带来愉悦的，否则就完全没有必要。

● 银河

精神之爱其实是最可宝贵的，

也是沉闷人生的一朵奇葩。

万一你能碰到这样的美好，千万不要错过。

● 银河

如果一个人的灵魂够强大、够完整，

它必定是孤独的。

它所有的话都是对自己说的。

它所有的关注都在自身。

它的痛苦必须独自承受；

它的快乐也可以独享。

● 银河

一个女人要想幸福和快乐，

必须超越年轻和美貌，

必须在年轻和美貌之外还有价值。

● 银河

人怎样才能得到快乐?

只做自己能够胜任愉快的事,不做力不从心的事;

只投入能够使自己快乐的人际关系,

摆脱痛苦的关系;欲望的克制与升华。

万 一 有 幸 遭

愿 终 生 沉 溺

情，

。

Lee

◑ 小波

你 想 知 道 我 对 你 的 爱 情 是 什 么 吗 ？

就 是 从 心 底 里 喜 欢 你 ，

觉 得 你 的 一 举 一 动 都 很 亲 切 ，

不 高 兴 你 比 喜 欢 我 更 喜 欢 别 人 。

你 要 是 喜 欢 了 别 人 我 会 哭 ， 但 是 还 是 喜 欢 你 。

你 肯 用 这 样 的 爱 情 回 报 我 吗 ？

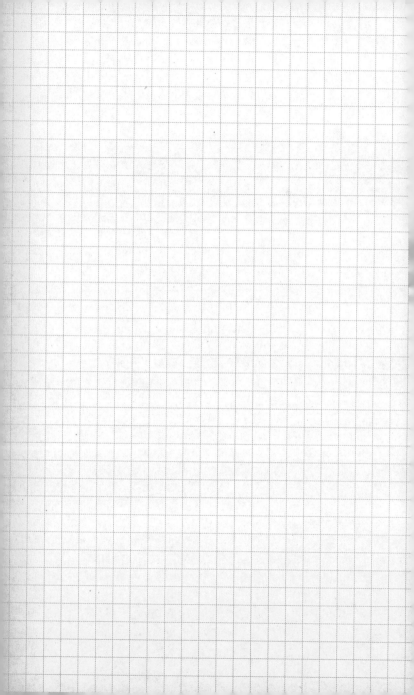

◐ 小波

我把我整个的灵魂都给你，

连同它的怪癖，耍小脾气，忽明忽暗，

一千八百种坏毛病。

它真讨厌，只有一点好，爱你。

小波

你已经知道我对你的爱有点自私。

真的，哪一个人得到一颗明珠不希望它永远归己所有呢

我也是。

◯ 小波

假如你愿意，你就恋爱吧，爱我。

恋爱可以把什么问题都解决了的。

恋爱要结婚就结婚，不要结婚就再恋爱，

一直恋到十七八年都好啊，而且更好呢。

小波

生为冰山，就该淡淡地爱海流、爱风，

并且在偶然接触时，

全心全意地爱另一块冰山。

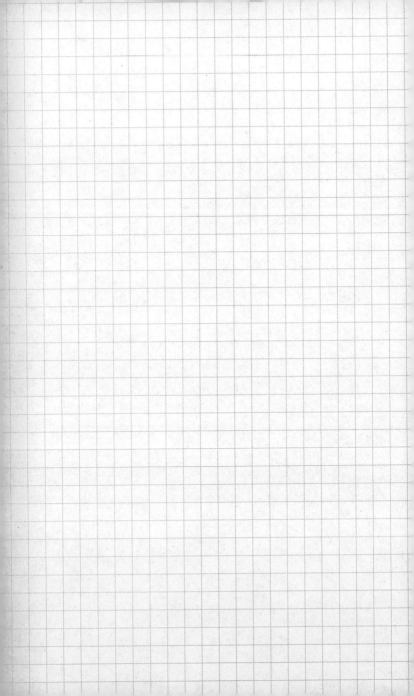

◎ 小波

人人都渴望爱情，

但只有有人关心的人才能够体会到什么叫作爱情。

小波

我 的 灵 魂 里 是 有 很 多 地 方 玩 世 不 恭 ，

对 人 傲 慢 无 礼 ， 但 是 它 是 有 一 个 核 心 的 ，

这 个 核 心 害 怕 黑 暗 ， 柔 弱 得 像 是 绵 羊 一 样 。

只 有 顶 平 等 的 友 爱 才 能 使 它 得 到 安 慰 。

你 对 我 是 属 于 这 个 核 心 的 。

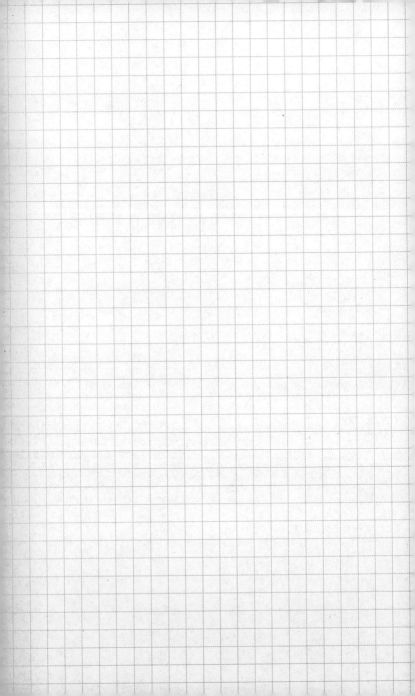

小波

祝你今天愉快，

你明天的愉快留着我明天再祝。

◉ 小波

我 真 的 不 知 怎 么 才 能 和 你 亲 近 起 来，

你 好 像 是 一 个 可 望 而 不 可 即 的 目 标，

我 捉 摸 不 透， 追 也 追 不 上，

就 坐 下 哭 了 起 来。

◑ 小波

只要我们真正相爱，

哪怕只有一天，一个小时，

我们就不应该再有一刀两断的日子。

小波

你从我内心深处经常出现，

给我带来幸福，

还有什么离间得了我们？

小波

将来啊，我们要是兴致都高涨就一起出去疯跑，你兴致不高就来吧：哭也好，说也好，懒也好，我都喜欢你。

◉ 小波

什么都不是爱的对手，除了爱。

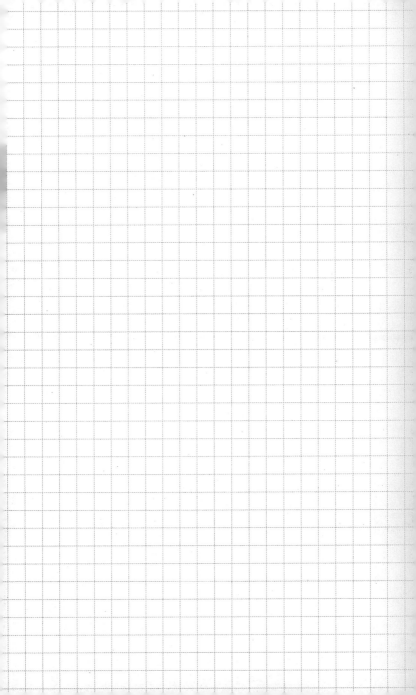

小波

我很想用一长串排比句来说明我多么想要你。

可是排比句是头脑浅薄的人所好，

我不用这种东西，这种形式的东西我讨厌。

我不用任何形式，我也不喜欢形容词。

可以肯定说，我喜欢你，想你，要你。

◯ **小波**

相爱是人的"本身"的行为，

我们只能从相爱上看出人们的本色，

其他的都沉入一片灰蒙蒙。

◎ 小波

出于爱，人能干出透顶美好的事情，

比木木痴痴的人胜过一万倍。

小波

失恋就像出麻疹，

如果你不失上几次，就不会有免疫力。

◎ 小波

在我看来，爱情似乎是种竞技体育；

有人在十秒钟里能跑一百米，

有人需要二十秒钟才能跑完一百米。

◍ 小波

爱情应当受惩罚，全无惩罚，

就不是爱情了。

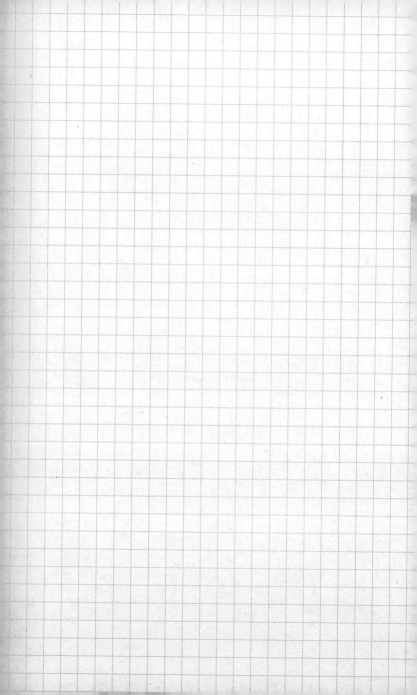

小波

你可要我告诉你我过的是什么生活？

可以告诉你，过的是没有你的生活。

这种生活可真难挨。

◉ 小波

你 可 以 说 我 贱，

但 你 不 能 说 我 的 爱 贱 哪 。

◉ 小波

我的勇气和你的勇气加起来，

对付这个世界总够了吧？

去向世界发出我们的声音，

我一个人是不敢的，有了你，我就敢。

小波

你说我太爱说，真的，

我很有一点惭愧，我真是废话太多。

不过我太爱你，我能不说吗？

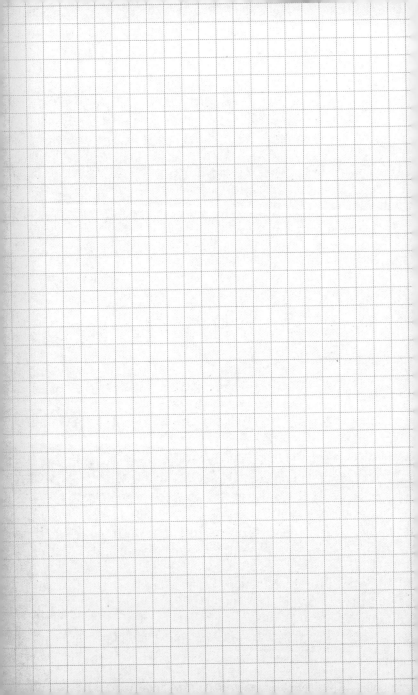

小波

你是非常可爱的人，

真应该遇到最好的人，

我也真希望我就是。

◐ 小波

我 不 要 孤 独 , 孤 独 是 丑 的 ,

令 人 作 呕 的 , 灰 色 的 。

我 要 和 你 相 通 , 共 存 ,

还 有 你 的 温 暖 , 都 是 迷 人 的 啊 !

可 惜 我 不 漂 亮 。

小波

你生了气就哭，我一看见你哭就目瞪口呆，

就像一个小孩子做了坏事在未受责备之前目瞪

口呆一样，

所以什么事你先别哭，先来责备我，好吗？

◑ 小波

我 和 你 就 好 像 两 个 小 孩 子 ，

围 着 一 个 神 秘 的 果 酱 罐 ，

一 点 一 点 地 尝 它 ，

看 看 里 面 有 多 少 甜 。

◉ 小波

不 过 我 认 为 你 爱 我 和 我 爱 你 一 边 深 ,

不 然 我 的 深 从 哪 儿 来 呢 ?

◉ 小波

　当 我 跨 过 沉 沦 的 一 切 ， 向 着 永 恒 开 战 的 时 候 ，

你 是 我 的 军 旗 。

◐ 小波

你真可爱，让人爱得要命。

你一来，我就决心正经地，不是马虎地生活下去，

哪怕要费心费力呢，哪怕我去牺牲呢。

不 管 我 本 人

我 总 觉 得 对

、平庸，

勺爱很美。

最初的呼唤

你好哇，李银河。今天我诌了一首歪诗。我把它献给你。这样的歪诗实在拿不出手送人，我都有点不好意思了。

今天我感到非常烦闷

我想念你

我想起夜幕降临的时候

和你踏着星光走去

想起了灯光照着树叶的时候

踏着婆娑的灯影走去

想起了欲语又塞的时候

和你在一起

你是我的战友

因此我想念你

当我跨过沉沦的一切

向着永恒开战的时候

你是我的军旗

过去和你在一块儿的时候我很麻木。我有点双重人格，冷漠都是表面上的，嬉皮也是表面上的。承认了这个非常不好意思。内里呢，很幼稚和傻气。啊哈，我想起来你从来也不把你写的诗拿给我看。你也有双重人格呢。萧伯纳的剧本《匹克梅梁》里有一段精彩的对话把这个问题说得很清楚：

息金斯：杜特立尔，你是坏蛋还是傻瓜？

杜特立尔：两样都有点，老爷。但凡人都是两样有一点。

当然你是两样一点也没有。我承认我两样都有一点：除去坏蛋，就成了有一点善良的傻瓜；除去傻瓜，就成了愤世嫉俗、嘴皮子伤人的坏蛋。对你我当傻瓜好了。祝你这一天过得顺利。

王小波　21日

爱你就像爱生命

李银河, 你好:

昨天晚上分手以后, 我好难过。我这个大笨蛋, 居然考了个恶心死活人的分数, 这不是丢人的事儿吗? 而且你也伤心了。所以我更伤心。

我感觉你有个什么决断做不出来。可能我是卑鄙无耻地胡猜, 一口一个癞蛤蟆。我要是说错了你别伤心, 我再来一口一个地吞回去。真的是这样的话, 我来替你决断了吧。

你妈妈不喜欢我。你妈妈是个好人, 为什么要惹她生气呢? 再说, 这样的事情也不是你应该遇到的。真的, 你不应该遇到。还有好多的好人都不喜欢我。你为什么要遇到那么多痛苦呢!

还有我。我是爱你的, 看见就爱上了。我爱你爱到不自私的地步。就像一个人手里一只鸽子飞走了, 他从心里祝福那鸽子的飞翔。你也飞吧。我会难过, 也会高兴,到底会怎么样我也不知道。

我来说几句让你生气的话，你就会讨厌我了。小布尔乔亚的臭话！你已经二十六七岁了，不能再和一个骆驼在一起。既然如此，干脆不要竹篮打水的好。

你别为我担心。我遇到过好多让我难过的事情。十六岁的时候，有一天晚上大家都睡了，我从蚊帐里钻出来，用钢笔在月光下的一面镜子上写诗，写了趁墨水不干又涂了，然后又写，直到涂得镜子全变蓝了……那时满肚子的少年豪气全变成辛酸泪了。我都不能不用这种轻佻的语气把它写出来，不然我又要哭。这些事情你能体会吗？"只有歌要美，美却不要歌。"以后我就知道这是殉道者的道路了。至于赶潮流赶时髦，我还能学会吗？真成了出卖灵魂了。我遇到过这种事情。可是，当时我还没今天难过呢。越悲怆的时候我越想嬉皮。

这些事情都让它过去吧。你别哭。真的，要是哭过以后你就好过了你就哭吧，但是我希望你别哭。王先生十之八九是个废物。来，咱们俩一块来骂他：去他的！

我会不爱你吗？不爱你？不会。爱你就像爱生命。

算了。不胡扯。

……

我爱你爱得要命，真的。你一希望我什么我就要发狂。

我是一个坏人吗？要不要我去改过自新？

算了，我后面写的全不算数，你想想前边的吧。早

点答复我。我这一回字写得太坏，是在楼顶阳台上写的。

还有，不管你怎么想，以后我们还是朋友，何必反

目呢？

王小波　星期五

请你不要吃我，
我给你唱一支好听的歌

银河，你好：

今天上午看到你因为我那一封卑鄙的信那么难过，我也很难过。我来向你解释这一次卑鄙的星期五事件吧！你要听吗？

你一定不知道，这一次我去考戏剧学院，文艺理论却考了一大堆"讲话"之类的东西，我心里很不了然，以为被很卑鄙地暗算了一下。那一天在你舅舅那里听他讲了一些文学，我更不高兴了。没有考上倒在其次，我感到文艺界黑暗得很，于是快快不乐地出来了。后来我发现你也很不高兴。当时我还安慰了你一番对吧？其实当时我的心情也很黑暗。我向你坦白，我在黑暗的心情包围之下，居然猜疑起你来了。你生气吗？是半真半假的猜疑，捕风捉影的猜疑，疑神见鬼的猜疑，情知不对又无法自持的猜疑。我很难过，又看不起自己，就写了一封信。我告诉你（虽然我很羞愧），当时我在心里千呼万唤地呼唤你，盼你给我一句人类温柔的话语。你知道我最不喜欢把自己的弱点暴露给人，我不高兴的时候就是家里人也看不出来，而且就是有时家兄看出来时，他的安慰也很使我腻味，因为那个时候我想安静。这一次不知为什么我那么渴望你，渴望你来说一句温存的话。

后来的事情你知道。你把我说了一顿。我是躲在一个角落里，小心翼翼、鬼鬼祟祟地伸出手来，被你一说马上就恼羞成怒了。真的，是恼羞成怒。我的眼睛都气得对了起来。我觉得一句好话对你算什么？你都不肯说，非要纠缠我。于是我写了很多惹人生气的话，我还觉得你一定不很认真地看待我，于是又有很多很坏的猜想油然而生，其实那些我自己也不信呢。

后来我又接到你一封信。我高兴了，就把上一封信全忘了。

这一件事你全明白了吧。我这件事情办得坏极了。请你把它忘了吧。你把卑鄙的星期五的来信还给我吧。

我们都太羞怯太多疑了。主要是我！我现在才知道你多么像我。我真怕你从此恨我。我懊恼地往家里走，忽然想起小时候唱的一支歌来，是关于一个老太太和她的小面团。小面团唱着这么一支歌：

　　请你不要吃我不要吃我，我给你唱一支好听的歌。

　　我把这件事告诉你了。我怎么解释呢？我不能解释。只好把这支歌唱给你听。请你不要恨我，我给你唱一支好听的歌吧。

　　你说我这个人还有可原谅的地方吗？我对你做了这样的坏事你还能原谅我吗？我要给你唱一支好听的歌，就是我这一次猜忌是最后的一次。我不敢怨恨你，就是你做出什么样的决定我都不怨恨。我把我整个的灵魂都给你，连同它的怪癖，耍小脾气，忽明忽暗，一千八百种坏毛病。它真讨厌，只有一点好，爱你。

　　你把它放在哪儿呢？放在心口温暖它呢，还是放在

鞋垫里？我最希望你开放灵魂的大门把它这孤魂野鬼收

容了，可是它不配。要是你我的灵魂能合成一体就好了。

我最爱听你思想的脉搏，你心灵的一举一动我全喜欢。

我的你一定不喜欢。所以，就要你给我一点温存，我要！

（你别以为说的是那件事啊！不是。）

王小波　星期日

爱情回味

与小波的爱实在是上天送给我的瑰宝，回忆中全是惊喜、甜蜜，小波的早逝更诗化了这段生命历程，使它深深沉淀在我的生命之中，幸福感难以言传。

最初听说他的名字是因为一部当时在朋友圈子里流传的手抄本小说《绿毛水怪》。虽然不但是"水怪"，还长着"绿毛"，初看之下有心理不适，但是小说中显现出来的小波的美好灵魂对我的灵魂产生了极大的吸引力。当然，有些细节上的巧合：当时，我刚刚看完陀思妥耶夫斯基的一本不大出名的小说《涅朵奇卡·涅茨瓦诺娃》，这本书中的什么地方拨动了我的心弦。作品中的主要人物都是一些幻想者，他们的幻想碰到了冷酷、腐朽、污浊的现实，与现实发生了激烈的冲突，最后只能以悲惨的结局告终。作品带有作者神经质的特点，有些地方感情过于强烈，到了令人难以忍受的程度。书中所写的涅朵奇卡与卡加郡主的爱情给人印象极为深刻，记得有二人接吻把嘴唇吻肿的情节。由于小波在《绿毛水怪》中所写的对这本书的感觉与我的感觉惊人地相似，产生强烈共鸣，使我们发现了心灵的相通之处，自此对他有了"心有灵犀"的感觉。

第一次见到他是跟一个朋友去找他爸请教学问方面的问题。我当时已经留了个心，要看看这个王小波是何方神圣。一看之下，觉得他长得真是够难看的，心中暗暗有点失望。后来，刚谈恋爱时，有一次，我提出来分手，就是因为觉得他长得难看，尤其是跟我的初恋相比，那差得不是一点半点。那次把小波气了个半死，写来一封非常刻毒的信，气急败坏，记得信的开头列了一大堆酒名，说，你从这信纸上一定能闻到二锅头、五粮液、竹叶青……的味道，何以解忧，唯有杜康。后来，他说了一句话，把我给气乐了，他说：你也不是就那么好看呀。心结打开了，我们又接着好下去了。小波在一封信中还找了后账，他说：建议以后男女谈恋爱都戴墨镜前往，取其防止长相成为障碍之意。

我们第一次单独见面，他就问我有没有朋友，我那时候刚跟初恋情人分手不久，就如实相告。他接下去一句话几乎吓我一跳，他说：你看我怎么样？这才是我们第一次单独见面呀。他这句话既透着点无赖气息，又显示出无比的自信和纯真，令我立即对他刮目相看。

后来，小波发起情书攻势，在我到南方出差的时候，用一个大本子给我写了很多未发出去的信。就是后来收入情书集中的"最初的呼唤"。由于他在人民大学念书，我在国务院研究室上班，一周只能见一次，所以他想出主意，把对我的思念写在一个五线谱本子上，而我的回信就写在空白处。这件逸事后来竟成恋爱经典。有次我无意中看到一个相声，那相声演员说：过去有个作家把情书写在了五线谱上……这就是我们的故事啊。

我们很快陷入热恋。记得那时我家住城西，常去颐和园。昆明湖西岸有一个隐蔽的去处，是一个荒凉的小岛，岛上草木葱茏，绿荫蔽天。我们在小山坡上尽情游戏，流连忘返。这个小岛被我们命名为"快乐岛"。可惜后来岛上建了高级住宅，被封闭起来，不再允许游人进入。

从相恋到结婚有两年时间。因为小波是 78 级在校大学生，我们的婚礼是秘密举行的。那是 1980 年，他是带薪学生，与原工作单位的关系没有断绝，所以能够开出结婚证明来。即使这样，我还是找了一位在办事处工作的老朋友帮助办的手续，免得节外生枝。我们的婚礼就是两家人一起在王府井的烤鸭店吃了顿饭，也就十个人，连两家的兄弟姐妹都没去全。还有就是他们班的七八个同学秘密到我家聚了一次。还记得他们集体买了个结婚礼物，是一个立式的衣架，由骑自行车的高手一手扶把一手提着那个衣架运来我家。那个时代的人们一点也不看重物质，大家的关系单纯得很。

在小波过世之后，我有一天翻检旧物，忽然翻出一个本子上小波给我写的未发出的信，是对我担心他心有旁骛的回应："……至于你呢，你给我一种最好的感觉，仿佛是对我的山呼海啸的响应，还有一股让人喜欢的傻气……你放心，我和世界上所有的人全搞不到一块，尤其是爱了你以后，对世界上一切女人都没什么好感觉。有时候想，要有个很漂亮的女人让我干，干不干？说真的，不会干。要是胡说八道，干干也成。总之，越认真，就越不想，而我只想认认真真地干，胡干太没意思了。"

在我和小波相恋相依的 20 年间，我们几乎从来没有吵过架红过脸，感受到的全是甜蜜和温暖，两颗相爱的灵魂相偎相依，一眨眼的工夫竟过了 20 年。我的生命因为有他的相依相伴而充满了一种柔柔的、浓浓的陶醉感。虽然最初的激情早已转变为柔情，熊熊烈火转变为涓涓细流，但是爱的感觉从未断绝。春蚕到死丝方尽，蜡炬成灰泪始干。就这样缠缠绵绵 20 年。这样的日子我没有过够，我想一生一世与他缠绵，但是他竟然就那么突然地离我而去，为我留下无尽的孤寂和凄凉。

悼王小波

日本人爱把人生喻为樱花，盛开了，很短暂，然后就凋谢了。小波的生命就像樱花，盛开了，很短暂，然后就溘然凋谢了。

三岛由纪夫在《天人五衰》中写过一个轮回的生命，每到20岁就死去，投胎到另一个生命里。这样，人就永远活在他最美好的日子里。他不用等到牙齿掉了、头发白了、人变丑了，才悄然逝去。小波就是这样，在他精神之美的巅峰期与世长辞。

我只能这样想，才能压制我对他的哀思。

在我心目中，小波是一位浪漫骑士，一位行吟诗人，一位自由思想者。

小波这个人非常浪漫。我认识他之初，他就爱自称为"愁容骑士"，这是堂·吉诃德的别号。小波生性相当抑郁，抑郁既是他的性格，也是他的生存方式；而同时，他又非常非常浪漫。

我是在 1977 年年初与他相识的。在见到他这个人之前，先从朋友那里看到了他手写的小说。小说写在一个很大的本子上。那时他的文笔还很稚嫩，但是一种掩不住的才气已经跳动在字里行间。我当时一读之下，就有一种心弦被拨动的感觉，心想：这个人和我早晚会有点什么关系。我想这大概就是中国人所说的缘分吧。

　　我第一次和他单独见面是在光明日报社，那时我大学刚毕业，在那儿当个小编辑。我们聊了没多久，他突然问：你有朋友没有？我当时正好没朋友，就如实相告。他单刀直入地问了一句：你看我怎么样？我当时的震惊和意外可想而知。他就是这么浪漫，率情率性。后来我们就开始通信和交往。他把情书写在五线谱上，他的第一句话是这样写的："做梦也想不到我会把信写在五线谱上吧。五线谱是偶然来的，你也是偶然来的。不过我给你的信值得写在五线谱里呢。但愿我和你，是一支唱不完的歌。"我不相信世界上有任何一个女人能够抵挡如此的诗意，如此的纯情。被爱已经是一个女人最大的幸福，而这种幸福与得到一种浪漫的骑士之爱相比又逊色许多。

我们俩都不是什么美男美女，可是心灵和智力上有种难以言传的吸引力。我起初怀疑，一对不美的人的恋爱能是美的吗？后来的事证明，两颗相爱的心在一起可以是美的。我们爱得那么深。他说过的一些话我总是忘不了。比如他说："我和你就像两个小孩子，围着一个神秘的果酱罐，一点一点地尝它，看看里面有多少甜。"那种天真无邪和纯真诗意令我感动不已。再如他有一次说："我发现有的女人是无价之宝。"他这个无价之宝让我感动极了。这不是一般的甜言蜜语。如果一个男人真的把你看作无价之宝，你能不爱他吗？

我有时常常自问，我究竟有何德何能，上帝会给我小波这样一件美好的礼物呢？去年（1996 年）10 月 10 日我去英国，在机场临分别时，我们虽然不敢太放肆，在公众场合接吻，但他用劲搂了我肩膀一下作为道别，那种真情流露是世间任何事都不可比拟的。我万万没有想到，这一别竟是永别。他转身向外走时，我看着他高大的背影，在那儿默默流了一会儿泪，没想到这就是他给我留下的最后一个背影。

小波虽然不写诗，只写小说和随笔，但是他喜欢把自己称为诗人，行吟诗人。其实他喜欢韵律，有学过诗的人说，他的小说你仔细看，好多地方有韵。我记忆中小波的小说中唯一写过的一行诗是在《三十而立》里："走在寂静里，走在天上，而阴茎倒挂下来。"我认为写得很不错。这诗原来还有很多行，被他划掉了，只保留了发表的这一句。小波虽然以写小说和随笔为主，但在我心中他是一个真正的诗人。他的身上充满诗意，他的生命就是一首诗。

恋爱时他告诉我，16岁时他在云南，常常在夜里爬起来，借着月光用蓝墨水笔在一面镜子上写呀写，写了涂，涂了写，直到整面镜子变成蓝色。从那时起，那个充满诗意的少年，云南山寨中皎洁的月光和那面涂成蓝色的镜子，就深深地印在了我的脑海中。

从我的鉴赏力看，小波的小说文学价值很高。他的《黄金时代》和《未来世界》两次获《联合报》文学大奖，他的唯一一部电影剧本《东宫西宫》获阿根廷国际电影节最佳剧本奖，并成为1997年戛纳国际电影节入围作品，使小波成为在国际电影节为中国拿到最佳编剧奖的第一人，这些可以算作对他的文学价值的客观评价。他的《黄金时代》在中国大陆出版后，很多人都极喜欢。有人甚至说：王小波是当今中国小说第一人，如果诺贝尔文学奖将来有中国人能得，小波就是一个有这种潜力的人。我不认为这是溢美之词。虽然也许其中有我特别偏爱的成分。

　　小波的文学眼光极高，他很少夸别人的东西。我听他夸过的人有马克·吐温和萧伯纳。这两位都以幽默睿智著称。他喜欢的作家还有法国的新小说派杜拉斯、图尼埃尔、尤瑟纳尔、卡尔维诺和伯尔。他特别不喜欢托尔斯泰，大概觉得他的古典现实主义太乏味，尤其受不了他的宗教说教。小波是个完全彻底的异教徒，他喜欢所有有趣的、飞扬的东西，他的文学就是想超越平淡乏味的现实生活。他特别反对车尔尼雪夫斯基的"真即是美"的文学理论，并且持完全相反的看法。他认为真实的不可能是美的，只有创造出来的东西和想象的世界才可能是美的。所以他最不喜欢现实主义，不论是所谓社会主义现实主义还是古典的现实主义。他有很多文论都精辟之至，平常聊天时说出来，我一听老要接一句：不行，我得把你这个文论记下来。可是由于懒惰从来没真记下来过，这将是我终身的遗憾。

小波的文字极有特色。就像帕瓦罗蒂一张嘴，不用报名，你就知道这是帕瓦罗蒂，胡里奥一唱你就知道是胡里奥一样，小波的文字也是这样，你一看就知道出自他的手笔。台湾的李敖说过，他自己是中国白话文第一把手，不知道他看了王小波的文字还会不会这么说。真的，我就是这么想的。

有人说，在我们这样的社会中，只出理论家、权威理论的阐释者和意识形态专家，不出思想家，而在我看来，小波是一个例外，他是一位自由思想家。自由人文主义的立场贯穿在他的整个人格和思想之中。读过他文章的人可能会发现，他特别爱引证罗素，这就是所谓气味相投吧。他特别崇尚宽容、理性和人的良知，反对一切霸道的、不讲理的、教条主义的东西。我对他的思路老有一种特别意外惊喜的感觉。这就是因为我们长这么大，满耳听的不是些陈词滥调，就是些蠢话傻话，而小波的思路却总是那么清新。这是一个他最让人感到神秘的地方。

小波在一篇小说里说：人就像一本书，你要挑一本好看的书来看。我觉得我生命中最大的收获和幸运就是，我挑了小波这本书来看。我从1977年认识他到1997年与他永别，这20年间我看到了一本最美好、最有趣、最好看的书。作为他的妻子，我曾经是世界上最幸福的人；失去了他，我现在是世界上最痛苦的人。小波，你太残酷了，你潇洒地走了，把无尽的痛苦留给我们这些活着的人。虽然后面的篇章再也看不到了，但是我还会反反复复地看这 20 年。这 20 年永远活在我心里。我觉得，小波也会通过他留下的作品活在许多人的心里。樱花虽然凋谢了，但它毕竟灿烂地盛开过。

我想在小波的墓碑上写上司汤达的墓志铭（这也是小波喜欢的）：生活过，写作过，爱过。也许再加上一行：骑士，诗人，自由思想者。

我最最亲爱的小波，再见，我们来世再见。到那时我们就可以在一起一百年，一千年，一万年，再也不分开了！

爱生活清单

LOVE

LIFE

◍○ 小波

我 是 爱 你 的 ， 看 见 就 爱 上 了 。

我 爱 你 爱 到 不 自 私 的 地 步 。

● 银河

十分想念你。非常非常想。

回忆着上次见面。我心里充满柔情。

书 名 / 作 者 名	25%	50%	75%	100%

◐ 小波

一本在你手中待过很长时间的好书就像一张熟悉的
面孔一样，永远不会忘记。

书 名 / 作 者 名	25	50	75	100

◐ 小波

人生是一条寂寞的路，要有一本有趣的书来消磨旅途。

● 银河

人 生 短 促 ， 要 把 有 限 的 生 命 投 入 到 无 限 的 快 乐 中 去 。

● 银河

每当想到宇宙的浩瀚和生命的短暂，就不由趋向于
精神和身体的自由奔放。

清单

SELF
FILLI

● 银河

人生就是苦中取乐，生老病死，人生以苦为主。

去找寻一点快乐，是我们唯一能做的。

● 银河

爱就是心中无限的温柔。

● 银河

财务自由是自由人生的一个起码目标，更高的目标是可以去追求爱与美，哲思与参透，到达精神自由的高境界。

◖◗ 小波

爱情真美，倒霉的是咱们老不能爱个够。

◖◯ 小波

我只希望我们的灵魂可以互通，
像一个两倍大的共同体。

////

ANNUAL SUMMARY

年 度 小 结

有些东西发生了就不能抹杀。

我会不爱你吗？不爱你？不会。

小
波　爱你就像爱生命。

小波

我当然是十分爱你，这个爱情我是永不收回的，直到世界末日。

● 银河

小波在一篇小说里说：人就像一本书，你要挑一本好看的书来看。我觉得我生命中最大的收获和幸运就是，我挑了小波这本书来看。

银河

我从 1977 年认识他到 1997 年与他永别，这 20 年间我看到了一本最美好、最有趣、最好看的书。

告诉你，一枕

我这张丑脸上

ng Wa

Wa

到你，

就泛起微笑。

◎ 本书语录出处 ◎

1. 王小波《爱你就像爱生命》

2. 王小波《黄金时代》

3. 王小波《白银时代》

4. 王小波《我的精神家园》

5. 王小波《绿毛水怪》

6. 王小波《黑铁时代》

7. 王小波《东宫西宫》

8. 王小波《沉默的大多数》

9. 王小波《似水流年》

10. 王小波《三十而立》

11. 王小波《革命时期的爱情》

12. 李银河《李银河：我的生命哲学》

13. 李银河《爱你就像爱生命》

14. 李银河《我们都是宇宙中的微尘》

15. 李银河《李银河说爱情》

16. 李银河《生命唯愿爱与自由》

17. 李银河《一个无神论者的静修》

18. 李银河《在世界的枝头短暂停留》

图书在版编目（CIP）数据

你好啊：王小波&李银河爱情手账 / 李银河，王小波著. —— 贵阳：贵州人民出版社，2023.11

ISBN 978-7-221-17899-2

Ⅰ.①你… Ⅱ.①李… ②王… Ⅲ.①本册 Ⅳ.①TS951.5

中国国家版本馆 CIP 数据核字 (2023) 第 204430 号

NIHAO A:WANG XIAOBO & LI YINHE AIQING SHOUZHANG

你好啊：王小波 & 李银河爱情手账

李银河　王小波　著

出 版 人	朱文迅
策划编辑	王琪媛
责任编辑	黄　冰
装帧设计	刘　哲
责任印制	蔡继磊

出版发行	贵州出版集团　贵州人民出版社
地　　址	贵阳市观山湖区中天会展城会展东路SOHO公寓A座
印　　刷	北京世纪恒宇印刷有限公司
版　　次	2023 年 11 月第 1 版
印　　次	2023 年 11 月第 1 次印刷
开　　本	787毫米 ×1092毫米　1/32
印　　张	9.25
字　　数	50千字
书　　号	ISBN 978-7-221-17899-2
定　　价	68.00 元